幼兒全方位
智能開發

中文篇

中文配詞

U0114797

天空

春天

天氣

晴天

園丁文化

● 請根據圖畫，用線把字連起來，組成正確的詞語。

1. 太 • • 亮

2. 月 • • 虹

3. 白 • • 陽

4. 彩 • • 雲

大自然
詞語圈一圈

● 請根據圖畫，圈出正確的詞語。（提示：可橫向或直向組成正確的詞語。）

1. 　　2. 　　3.

4. 　　5. 　　6.

天	水	海	馬	筆	紅
樹	葉	果	羊	沙	漠
船	河	樹	小	鳥	森
木	流	黃	雨	手	林

 做得好！ 不錯啊！ 仍需加油！

● 請根據圖畫，把正確的 ☐ 填上顏色，組成詞語。

1.

藍	大	天

2.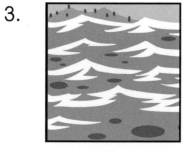

高	山	出

3.

海	木	水

4.

風	雨	兩

大自然
認字識詞

● 請根據圖畫，用線把與「花」或「草」相配的字連起來，組成正確的詞語。

1.

開 ●

花

4.
● 屋

2.
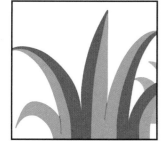
青 ●

● 朵

5.

草

3.

紅 ●

● 原

6.

答案：1. 開花　2. 青草　3. 紅花　4. 草屋　5. 花朵　6. 草原

5

你能夠在「天」字的上下左右加上其他字，拼成 4 個詞語嗎？請根據圖畫和箭咀的提示，在 ☐ 內填上代表正確答案的英文字母，組成詞語。

A. 談　　B. 空　　C. 氣　　D. 晴

你還知道「天」字可以配成什麼詞語嗎？
試説一説。

6

大自然

組詞成句

● 請根據圖畫，圈出正確的字，完成句子。

1.

（春／夏）天的天氣很温暖。

2.

（秋／冬）天的天氣很寒冷。

3.

（秋／春）天的天氣很清涼。

4.

（冬／夏）天的天氣很炎熱。

答案：1. 春　2. 冬　3. 秋　4. 夏

動物
詞語配對

● 請根據圖畫，用線把字連起來，組成正確的詞語。

1. 　　海　●　　　　　　●　馬

2. 　　斑　●　　　　　　●　鵝

3. 　　蝸　●　　　　　　●　鷗

4. 　　企　●　　　　　　●　牛

8

動物
詞語圈一圈

做得好！ 不錯啊！ 仍需加油！

● 請根據圖畫，圈出正確的詞語。（提示：可橫向或直向組成正確的詞語。）

1.

2.

3.

4.

5.

6.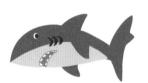

大	蛇	蟲	鯊	魚	兒
蜻	蜓	海	雨	烏	長
日	天	豚	鹿	龜	頸
海	星	獅	牛	肉	鹿

● 請根據圖畫，把正確的 ☐ 填上顏色，組成詞語。

1.

| 蜜 | 蜂 | 峯 |

2.

| 青 | 蛙 | 娃 |

3.

| 蝴 | 蝶 | 碟 |

4.

| 媽 | 螞 | 蟻 |

動物
認字識詞

● 請根據圖畫，在 □ 內填寫代表正確答案的英文字母，組成詞語。

> A. 貓　　　B. 鼠

1.

花 □

2.

老 □

3.

松 □

4.

袋 □

5.

熊 □

6.

田 □

答案：1.A 2.B 3.B 4.B 5.A 6.B

動物
生字配詞

● 你能夠在「馬」字的上下左右加上其他字，拼成 4 個詞語嗎？請根據圖畫和箭咀的提示，在 ☐ 內填上代表正確答案的英文字母，組成詞語。

A. 河	B. 路	C. 海	D. 車

1.

2.　　　　馬　　　　3.

4.

你還知道「馬」字可以配成什麼詞語嗎？
試說一說。

答案：1.A 2.C 3.B 4.D

12

動物
組詞成句

● 請根據圖畫，圈出正確的字，完成句子。

1. 　　這是一尾金（魚／鳥）。

2. 　　這是一隻山（牛／羊）。

3. 　　這是一條黃（狗／貓）。

4. 　　這是一隻公（雞／鴨）。

家庭生活
詞語配對

做得好！　不錯啊！　仍需加油！

● 請根據圖畫，在 ☐ 內填上代表正確答案的英文字母，組成詞語。

A. 父　　B. 兄　　C. 妹　　D. 母

1.

祖 ☐

2.

父 ☐

3.

☐ 弟

4.

姊 ☐

你還知道「父」、「兄」、「妹」和「母」字可以配成什麼詞語嗎？試説一説。

答案：1.A 2.D 3.B 4.C

14

做得好！　不錯啊！　仍需加油！

● 請根據圖畫，圈出正確詞語。（提示：可橫向或直向組成正確的詞語。）

1. 　　2. 　　3.

4. 　　5. 　　6.

石	沙	灘	窗	戶	電
大	發	電	邊	口	話
飯	桌	燈	座	雪	說
廳	腦	箱	水	櫃	門

做得好！　不錯啊！　仍需加油！

● 請根據圖畫，把正確的 ☐ 填上顏色，組成詞語。

1. | 衣 | 服 | 複 |
|---|---|---|

2.

小	大	衣

3.

上	穿	衣

4. | 雨 | 羽 | 衣 |
|---|---|---|

做得好！　不錯啊！　仍需加油！

● 請根據圖畫，在正確的 ☐ 內填上代表正確答案的英文字母，組成詞語。

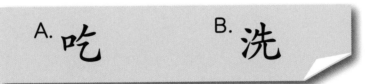

A. 吃　　　B. 洗

1.

	飯

2.

	香	蕉

3.

	臉

4.

	衣	服

5.

	澡

6.

	蛋	糕

答案：1.A 2.A 3.B 4.B 5.B 6.A

做得好！ 不錯啊！ 仍需加油！

● 你能夠在「家」字的上下左右加上其他字，拼成 4 個詞語嗎？請根據圖畫和箭咀的提示，在 □ 內填上代表正確答案的英文字母，組成詞語。

A. 庭	B. 務	C. 回	D. 大

1.

2.

家

3.

4.

你還知道「家」字可以配成什麼詞語嗎？
試說一說。

答案：1.D 2.C 3.A 4.B

家庭生活
組詞成句

● 請根據圖畫，圈出正確的字，完成句子。

1.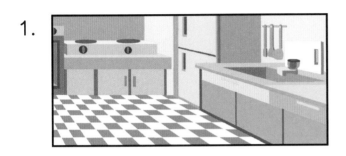

媽媽在廚（廳／**房**）炒菜。

2.

爸爸在飯（**廳**／房）吃飯。

3.

姊姊在書（廳／**房**）看書。

4.

弟弟在睡（廳／**房**）睡覺。

學校生活
詞語配對

● 請根據圖畫，用線把字連起來，組成正確的詞語。

1. 校 • • 生

2. 學 • • 長

3. 校 • • 師

4. 老 • • 工

答案：1. 校工 2. 學生 3. 校長 4. 老師

20

學校生活
詞語圈一圈

 請根據圖畫，圈出正確的詞語。（提示：可橫向或直向組成正確的詞語。）

1.

2.

3.

4.

5.

6.

跳	高	聽	好	運	動
舞	唱	歌	曲	工	作
計	詠	讀	寫	圖	大
繪	圖	書	字	跳	繩

答案：1. 唱歌　2. 跳舞　3. 寫字　4. 讀書　5. 跳繩　6. 運動

做得好！　不錯啊！　仍需加油！

● 你認識這些學校設施嗎？請用線把圖畫和正確的詞語連起來。

1.

圖書角 ●

● 自然角

2.

洗手間 ●

● 娃娃角

3.

禮堂 ●

● 音樂室

4.

答案：1. 洗手間　2. 圖書角　3. 自然角　4. 娃娃角

學校生活
認字識詞

● 請根據圖畫，用線把與「課」或「書」相配的字連起來，組成正確的詞語。

1.

圖 ●

4.
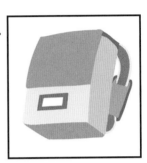

● 包

課

2.

看 ●

5.

● 室

書

3.

上 ●

6.

● 本

23

做得好！ 不錯啊！ 仍需加油！

● 你能夠在「學」字的上下左右加上其他字，拼成 4 個詞語嗎？請根據圖畫和箭咀的提示，在 □ 內填上代表正確答案的英文字母，組成詞語。

A. 習　　　B. 校　　　C. 同　　　D. 放

你還知道「學」字可以配成什麼詞語嗎？試說一說。

答案：1.D 2.C 3.B 4.A

學校生活
組詞成句

● 請根據圖畫，用線把正確的文字連起來，組成完整的句子。

1. 　我們一起畫●　　　　　　●茶點。

2. 　我們一起聽●　　　　　　●手工。

3. 　我們一起做●　　　　　　●故事。

4. 　我們一起吃●　　　　　　●圖畫。

答案：1. 圖畫。　2. 故事。　3. 手工。　4. 茶點。

25

做得好！ 不錯啊！ 仍需加油！

● 請根據圖畫，用線把正確的字連起來，組成詞語。

1.  　輪　●　　　●　車

2. 　飛　●　　　●　士

3.  　巴　●　　　●　機

4. 　火　●　　　●　船

做得好！　不錯啊！　仍需加油！

● 請根據圖畫，圈出正確的詞語。（提示：可橫向或直向組成正確的詞語。）

1.

2.

3.

4.

5.

6.

西	東	蜜	瓜	小	米
瓜	精	糖	麵	包	飯
大	牛	果	粉	點	麵
羊	奶	樹	式	葡	萄

答案：1. 牛奶　2. 米飯　3. 糖果　4. 麵包　5. 西瓜　6. 葡萄

27

● 你認識這些不同職業的人嗎？請用線把圖畫和正確的詞語連起來。

1.

2.

3.

4.

消防員 ●

警員 ●

管理員 ●

● 救護員

● 教員

● 運動員

答案：1. 警員　2. 救護員　3. 消防員　4. 運動員

做得好！　不錯啊！　仍需加油！

請根據圖畫，在 ☐ 內填寫代表正確答案的英文字母，組成詞語。

A. 館　　　　B. 場

1.

| 圖 | 書 | |

2.

| 遊 | 樂 | |

3.

| 博 | 物 | |

4.

| 體 | 育 | |

5.

| 運 | 動 | |

6.

| 足 | 球 | |

答案：1.A 2.B 3.A 4.A 5.B 6.B

做得好！ 不錯啊！ 仍需加油！

● 你能夠在「生」字的上下左右加上其他字，拼成 4 個詞語嗎？請根據圖畫和箭咀的提示，在 ☐ 內填上代表正確答案的英文字母，組成詞語。

A. 病　　B. 日　　C. 醫　　D. 學

你還知道「生」字可以配成什麼詞語嗎？試說一說。

答案：1.D 2.C 3.B 4.A

30

● 請根據圖畫，用線把正確的文字連起來，組成完整的句子。

1.

人們在沙灘 ●　　　　● 溜滑梯。

2.

人們在郊外 ●　　　　● 放風箏。

3.

人們在公園 ●　　　　● 看風景。

4.

人們在山頂 ●　　　　● 曬太陽。

答案：1. 曬太陽。　2. 放風箏。　3. 溜滑梯。　4. 看風景。

做得好！ 不錯啊！ 仍需加油！

● 請參考例子，在 ☐ 內填寫正確的字，組成詞語。

字	例子	配詞	配詞
1. 天	藍 天	天 ☐	☐ 天
2. 海	海 龜	海 ☐	☐ 海
3. 房	房 間	房 ☐	☐ 房
4. 花	花 生	花 ☐	☐ 花
5. 車	風 車	車 ☐	☐ 車

參考答案：1. 天氣、天空；藍天、青天 2. 海洋、海水；大海、填海 3. 房子、房屋；書房、劏房
4. 花瓣、花園；紅花、開花 5. 車門、車子；汽車、火車